全国技工院校机械类专业通用（高级技能层级）

金属材料及热处理（第二版）习题册

中国劳动社会保障出版社

简　介

本习题册是全国技工院校机械类专业通用教材（高级技能层级）《金属材料及热处理（第二版）》的配套用书。本习题册紧扣教学要求，按照教材章节顺序编排，知识点分布均衡，题型丰富多样，难易配置适当，有助于学生复习巩固所学知识。

本习题册由苏美亭任主编，吴文俊、刘凯、吴艳娇、郭洋参加编写。

图书在版编目(CIP)数据

金属材料及热处理（第二版）习题册 / 苏美亭主编 . -- 北京 : 中国劳动社会保障出版社 , 2020

全国技工院校机械类专业通用 . 高级技能层级

ISBN 978-7-5167-4282-2

Ⅰ. ①金…　Ⅱ. ①苏…　Ⅲ. ①金属材料 – 技工学校 – 习题集②热处理 – 技工学校 – 习题集　Ⅳ. ① TG14-44 ② TG15-44

中国版本图书馆 CIP 数据核字 (2019) 第 285487 号

中国劳动社会保障出版社出版发行

（北京市惠新东街 1 号　邮政编码：100029）

*

三河市潮河印业有限公司印刷装订　新华书店经销

787 毫米 ×1092 毫米　16 开本　3.75 印张　89 千字

2020 年 1 月第 1 版　2025 年 5 月第 7 次印刷

定价：7.00 元

营销中心电话：400-606-6496

出版社网址：http://www.class.com.cn

http://jg.class.com.cn

目　录

第一章　金属材料的性能 …………（1）
　第一节　金属材料的物理、化学性能 …………（1）
　第二节　金属材料的力学性能 …………（2）
　第三节　金属材料的工艺性能 …………（7）

第二章　金属晶体与结晶 …………（9）
　第一节　金属的晶体结构 …………（9）
　第二节　纯金属的结晶 …………（10）

第三章　合金 …………（12）
　第一节　合金的基本组织与性能 …………（12）
　第二节　铁碳合金 …………（13）

第四章　非合金钢 …………（16）
　第一节　概述 …………（16）
　第二节　碳素结构钢与优质碳素结构钢 …………（17）
　第三节　碳素工具钢 …………（18）
　第四节　铸造碳钢 …………（19）

第五章　钢的热处理 …………（21）
　第一节　钢在加热、冷却时的组织转变 …………（21）
　第二节　钢的退火与正火 …………（23）
　第三节　钢的淬火与回火 …………（26）
　第四节　钢的表面热处理和化学热处理 …………（28）
　第五节　典型零件的热处理分析 …………（30）

第六章　低合金钢与合金钢 …………（31）
　第一节　概述 …………（31）
　第二节　合金结构钢 …………（32）
　第三节　合金工具钢 …………（34）

第四节　特殊性能钢 ……………………………………………………………（37）
第五节　钢的火花鉴别 …………………………………………………………（38）

第七章　铸铁……………………………………………………………………（40）
第一节　概述 ………………………………………………………………………（40）
第二节　灰铸铁 ……………………………………………………………………（41）
第三节　球墨铸铁 …………………………………………………………………（42）
第四节　其他常用铸铁 ……………………………………………………………（44）

第八章　有色金属与硬质合金……………………………………………………（46）
第一节　铝及铝合金 ………………………………………………………………（46）
第二节　铜及铜合金 ………………………………………………………………（47）
第三节　钛及钛合金 ………………………………………………………………（49）
第四节　轴承合金 …………………………………………………………………（50）
第五节　硬质合金 …………………………………………………………………（52）

第九章　非金属材料与复合材料简介 ……………………………………………（54）
第一节　有机高分子材料 …………………………………………………………（54）
第二节　陶瓷材料 …………………………………………………………………（55）
第三节　复合材料 …………………………………………………………………（55）

第一章　金属材料的性能

第一节　金属材料的物理、化学性能

一、填空题（将正确答案填写在横线上）

1．不同金属的密度是不同的，一般将密度小于 4.5×10^3 kg/m^3 的金属称为________，密度大于 4.5×10^3 kg/m^3 的金属称为________。

2．金属材料导热性的好坏取决于它的___________。

3．金属材料导电性的好坏取决于它的___________。

4．铁在常温下是铁磁性材料，但当温度升高到________℃以上时就会失去磁性。

二、选择题（将正确答案的序号填写在括号内）

1．下列材料属于轻金属的是（　　）。

A．铜　　B．铝　　C．铅

2．下列金属的导电能力按由高到低顺序排列正确的是（　　）。

A．铜 > 铝 > 银　　B．铝 > 铜 > 银　　C．银 > 铜 > 铝

3．下列金属材料可用于制作电热元件的是（　　）。

A．铜合金　　B．铝　　C．镍铬合金

三、判断题（正确的在括号内打“√”，错误的在括号内打“×”）

1．金属没有固定的熔点。（　　）

2．导热性好的金属具有好的散热性，可用来制造散热器、热交换器等。（　　）

3．金属的电阻率越大，导电性就越好。（　　）

4．一般情况下，金属加热时体积胀大，冷却时体积缩小。（　　）

四、简答题

1．金属材料有哪些物理性能？简述其定义。

2．金属材料有哪些化学性能？简述其定义。

第二节　金属材料的力学性能

一、填空题（将正确答案填写在横线上）

1．大小和方向不变或变化缓慢的载荷称为________载荷，在短时间内以较高速度作用于零件上的载荷称为______________载荷，大小或方向随时间发生周期性变化的载荷称为__________载荷。

*2．变形一般分为____________变形和____________变形两种。载荷去除后仍不能恢复的变形称为__________变形。

3．有一 40 钢试样，在做冲击试验时，测得缺口尺寸为 10 mm × 10 mm，冲断试样所消耗的能量为 55 J，则该试样的 K 值为________。

4．屈服强度分为__________和__________，用符号__________和__________表示。

5．有一钢试样，横截面积为 100 mm^2，已知钢试样 R_{eL}=314 MPa，R_m=530 MPa。拉伸试验时，当所受拉力为______时，试样出现屈服现象；当所受拉力为______时，试样出现缩颈。

6．金属材料在载荷作用下断裂前________________________的能力称为塑性。金属材料的________________和________________的数值越大，表示材料的塑性越好。

7．一拉伸试样的原始标距长度为 50 mm，直径为 10 mm。拉断后试样的标距长度为 79 mm，缩颈处的最小直径为 4.9 mm，此材料的断后伸长率为____________，断面收缩率为____________。

8．硬度是指金属材料抵抗________________和________________的能力。

9．硬度的试验方法很多，最常用的有______________试验法、______________试验法和______________试验法。

10．常用的洛氏硬度标尺有________、________和________三种，其中________标尺应用最为广泛。

11．500HBW5/750 表示用直径为________的________球，在__________试验力下，保持________s，测得的________硬度值为________。

12．55HRC 表示____。

注：题目前带“*”的表示为职业技能鉴定考试考点。

13．金属材料的冲击韧性是通过________________测量的。

14．金属材料受大能量的冲击载荷作用时，其冲击抗力主要取决于____________的大小，而在多次重复冲击条件下，其冲击抗力主要取决于金属材料的____________________和____________________。

15．金属材料的疲劳抗力是采用专门试验设备，通过______________测量的。

16．疲劳破坏都要经过__________、__________和__________三个阶段。

17．疲劳强度是指金属材料经无限多次____________作用而不破坏的最大应力。

二、选择题（将正确答案的序号填写在括号内）

1．做拉伸试验时，试样拉断前所能承受的最大应力称为材料的（　　）。

A．延伸强度　　B．抗拉强度　　C．屈服强度

2．下列力学性能指标符号中，（　　）是金属材料的塑性指标符号。

A．R_m　　B．A　　C．R_{eL}

3．做拉伸试验时，试样承受的载荷为（　　）。

A．静载荷　　B．冲击载荷　　C．交变载荷

4．当零件的实际工作应力达到材料的 R_{eL} 时，零件将产生（　　）。

A．弹性变形　　B．明显塑性变形　　C．过量塑性变形

5．洛氏硬度 C 标尺所用的压头是（　　）。

A．淬火钢球　　B．金刚石圆锥体　　C．金刚石正四棱锥体

6．维氏硬度试验可测量较薄材料的硬度，它的符号用（　　）表示。

A．HB　　B．HV　　C．HR

7．测定渗氮工件的表面硬度应采用（　　）。

A．维氏硬度试验机　　B．布氏硬度试验机

C．洛氏硬度试验机

8．淬火工件常用洛氏硬度 HR 的（　　）标尺表示其硬度。

A．A　　B．B　　C．C

9．灰铸铁工件常用（　　）硬度试验进行硬度测定。

A．布氏　　B．洛氏　　C．维氏

10．做疲劳试验时，试样承受的载荷为（　　）。

A．静载荷　　B．冲击载荷　　C．交变载荷

11．下列力学性能符号中，（　　）是金属材料的疲劳强度符号。

A．R_{eL}　　B．R_{-1}　　C．$R_{p0.2}$

12．安放冲击试样时，其缺口应（　　）摆锤的冲击方向。

A．朝向　　B．背向　　C．垂直于

三、判断题（正确的在括号内打“√”，错误的在括号内打“×”）

1．采用渗氮等表面强化方法可提高零件的疲劳强度。（　　）

2．无论在什么条件下，金属材料的冲击吸收能量越大，则越耐冲击。（　　）

3．引起疲劳破坏的应力较低，常常低于材料的屈服强度。（　　）

4．疲劳强度的数值越大，材料抵抗疲劳破坏的能力越强。（　　）

5．洛氏硬度值无单位。（　　）

6．做布氏硬度试验时，当试验条件相同时，压痕直径越小，材料的硬度越低。（　　）

7．布氏硬度试验法不宜测量成品及较薄的零件。（　　）

8．有甲、乙两个工件，甲工件的硬度是230HBW，乙工件的硬度是34HRC，所以甲比乙硬得多。（　　）

9．洛氏硬度试验测量的硬度值范围大，可测量从很软到很硬的金属材料。（　　）

10．弹性变形能随载荷的去除而消失。（　　）

11．所有金属材料在拉伸试验时都会出现明显的屈服现象。（　　）

12．材料的屈服强度越低，则允许的工作应力越高。（　　）

13．由于断面收缩率不受试样尺寸的影响，所以能比较确切地反映金属材料的塑性。（　　）

14．拉伸试验可测定金属材料的强度和塑性等性能指标。（　　）

四、简答题

1．什么是金属材料的力学性能？金属材料的力学性能包括哪些指标？

*2．什么是强度？衡量强度的常用指标有哪些？分别用什么符号表示？

*3．什么是塑性？衡量塑性的常用指标有哪些？分别用什么符号表示？

4. 有一试样直径为 20 mm，做拉伸试验时，承受 42 000 N 最大载荷后断裂，断裂后缩颈断口处直径为 14 mm，求此试样的抗拉强度和断面收缩率。

5. 洛氏硬度试验有哪些优缺点？说明其应用范围。

6. 有三种材料，它们的硬度分别为 475HBW、512HV、62HRC，试比较这三种材料的硬度高低。

7．什么是冲击韧性？用什么指标表示？

8．什么是金属材料的疲劳？疲劳破坏的特征是什么？

五、计算题

某厂购进一批 40 钢材料，按国家标准规定，其力学性能指标应不低于下列数值：R_{eL}=340 MPa，R_m=540 MPa，A=19%，Z=45%。验收时，用该材料制成的 d=0.01 m 的短试样（原始标距长度为 0.05 m）做拉伸试验，当载荷达到 28 260 N 时，试样产生屈服现象，载荷加至 45 530 N 时，试样产生缩颈现象，然后被拉断。拉断后标距长度为 0.060 5 m，断裂处直径为 0.007 3 m。试计算这批钢材是否合格。

第三节　金属材料的工艺性能

一、填空题（将正确答案填写在横线上）

1. 金属材料的铸造性主要取决于____________、____________和偏析倾向等指标。

2. 可锻性与材料的变形抗力和塑性有关，变形抗力越小，塑性越高，则可锻性越________。

*3. 金属材料的工艺性能包括___________、___________、___________及___________等。

二、判断题（正确的在括号内打"√"，错误的在括号内打"×"）

1. 常用的钢铁材料中，钢的铸造性优于铸铁。（　　）

2. 一般情况下，含碳量低的钢由于变形抗力小，塑性好，故具有好的可锻性。（　　）

三、简答题

1. 什么是可锻性？

2. 什么是铸造性能？

3．什么是可焊性？

4．试比较钢和铸铁的可焊性，钢的可焊性取决于什么因素？

第二章 金属晶体与结晶

第一节 金属的晶体结构

一、填空题（将正确答案填写在横线上）

1. 在物质内部，凡原子呈________________________________，称为非晶体；凡原子呈________________________________，称为晶体。

2. 晶体与非晶体，由于______________________不同，它们的____________也有差异。晶体____________熔点，其性能呈现______________；非晶体_______________熔点，表现为____________。

3. 常见的晶体缺陷有__________、__________和_________。

二、选择题（将正确答案的序号填写在括号内）

1. 下列物质中，(　　) 为晶体，(　　) 为非晶体。

A. 松香　　B. 铜　　C. 玻璃

2. 下列金属中，(　　) 属于体心立方晶格，(　　) 属于面心立方晶格，(　　) 属于密排六方晶格。

A. 铝　　B. 锌　　C. 铬

3. 下面属于点缺陷的是 (　　)。

A. 位错　　B. 空位　　C. 间隙原子

三、判断题（正确的在括号内打"√"，错误的在括号内打"×"）

1. 食盐不是晶体。（　　）

2. γ—Fe 是体心立方晶格。（　　）

3. 晶格类型为面心立方晶格的金属一般具有良好的塑性。（　　）

四、简答题

1. 多晶体为什么表现出各向同性？

2. 什么是晶格畸变？对金属的性能有什么影响？

第二节 纯金属的结晶

一、填空题（将正确答案填写在横线上）

1．生产中常用的细化晶粒的方法有__________、__________和__________。

2．金属在__________下，随温度的改变由__________转变为__________的现象称为同素异构转变。具有同素异构转变特性的金属有______________（列出至少三种）。

3．工业上把____________________________的方法称为细晶强化。

二、选择题（将正确答案的序号填写在括号内）

1．金属的晶粒大小取决于结晶时的（　　）与晶核的长大速度。

A．形核率　　B．晶核数目　　C．冷却速度

2．下列温度中，（　　）℃不是纯铁的同素异构转变温度。

A．1 394　　B．912　　C．770

3．液态纯铁结晶后得到的产物是（　　），室温下的最终产物为（　　）。

A．α—Fe　　B．γ—Fe　　C．δ—Fe

三、判断题（正确的在括号内打"√"，错误的在括号内打"×"）

1．常温下，金属的晶粒越细小，其强度、硬度越高，塑性、韧性越差。（　　）

2．形核率越高、长大速度越小，则结晶后的晶粒越细小。（　　）

3．金属结晶时冷却速度越快，金属的实际结晶温度越低，过冷度也就越小。（　　）

四、简答题

1．分析金属的结晶过程。

2．解释过冷现象和过冷度。过冷度与什么有关？为什么增加过冷度能使晶粒细化？

3. 试分析纯铁的同素异构转变过程（转变的温度及在不同温度范围内的晶体结构）。

4. 金属的同素异构转变与液态金属的结晶过程有哪些相似和不同之处？

第三章 合 金

第一节 合金的基本组织与性能

一、填空题（将正确答案填写在横线上）

1. 以__________为基础，加入一种或多种__________或__________形成的金属材料，就是合金。

2. 组成合金的最基本的独立物质称为__________，简称______。

3. 合金中______________________________________的组成部分称为相。

4. 合金组织的种类很多，根据构成合金的元素之间结合方式的不同，可将合金组织分为__________、__________和__________三种基本类型。

5. 根据溶质原子在溶剂晶格中所处位置的不同，固溶体可分为__________和置代固溶体两类。

6. 合金组元间发生____________而形成的一种______________的物质称为金属化合物。

7. 两种或两种以上的相____________________组成的物质称为混合物。

二、选择题（将正确答案的序号填写在括号内）

1. 在置代固溶体中，溶质在溶剂中的溶解度主要取决于两者（　　）、在化学元素周期表中的位置及晶格类型等。

A．原子的数目　　B．原子半径的差别

C．原子的活泼性

2. 下列合金中，（　　）属于二元合金，（　　）属于三元合金。

A．硬铝　　B．普通黄铜　　C．非合金钢

3. 当合金中出现金属化合物时，通常能提高合金的（　　），但（　　）会降低。

A．强度　　B．塑性和韧性　　C．硬度和耐磨性

三、判断题（正确的在括号内打“√”，错误的在括号内打“×”）

1. 金属化合物的晶格类型与其中一个组元相同。（　　）

2. 混合物中各相既不溶解，也不化合，它们保持自己原来的晶格。（　　）

3. 能够形成间隙固溶体的溶质原子通常都是一些原子半径大于1Å的非金属元素。（　　）

四、简答题

1. 什么是固溶体？什么是固溶强化？

2．什么是弥散强化?

第二节　铁碳合金

一、填空题（将正确答案填写在横线上）

1．液态合金冷却到 *ACD* 线开始结晶，在 *AC* 线以下从液相中结晶出________，在 *CD* 线以下结晶出________。

2．______线称为共晶转变线。当液态合金冷却到此线时，将发生共晶转变，从液态合金中同时结晶出________和________的混合物，即________。

3．________线称为共析转变线。当合金冷却到此线时，将发生共析转变，从奥氏体中同时析出________和__________的混合物，即__________。

4．含碳量为__________的铁碳合金称为钢。根据其含碳量及室温组织的不同，又可分为______________、______________、______________。

5．含碳量为____________的铁碳合金称为白口铸铁。根据其含碳量及室温组织的不同，又可分为________________、________________和________________。

6．含碳量越高，钢的强度和硬度越______，而塑性和韧性越______。

二、选择题（将正确答案的序号填写在括号内）

1．珠光体是（　　）和（　　）的混合物。

A．铁素体　　B．奥氏体　　C．渗碳体　　D．珠光体
E. 莱氏体

2．下面五种基本组织中，（　　）是单相组织，称为铁碳合金的基本相；（　　）则是由基本相混合组成的多相组织。

A．铁素体　　B．奥氏体　　C．渗碳体　　D．珠光体
E. 莱氏体

3．制造要求硬度高、耐磨性好的各种工具，应选用含碳量较（　　）的钢；要求塑性、韧性高，而强度不太高的构件，应选用含碳量较（　　）的钢；要求强度、塑性及韧性都较好的材料，应选用含碳量较（　　）的钢。

A．低　　B．高　　C．适中

4．铁碳合金相图中，*E* 点代表碳在 γ—Fe 中的最大溶解度为（　　）。

A．4.3%　　B．0.77%　　C．2.11%

5．钢材的锻造或轧制应选择在单相（　　）区的适当温度范围内进行。

A．奥氏体　　B．珠光体　　C．铁素体

6．对于钢材来讲，含碳量越（　　），焊接性能越好。

A．低　　　　B．高　　　　C．适中

三、判断题（正确的在括号内打“√”，错误的在括号内打“×”）

1．纯铁和渗碳体的熔点都是 1 227℃。（　　）

2．铁碳合金相图中，*G* 点为纯铁的同素异构转变点，即 $\delta—Fe \xrightleftharpoons{912℃} \alpha—Fe$。（　　）

3．为了保证工业上使用的钢具有足够的强度，并具有一定的塑性和韧性，钢中的含碳量一般不超过 1.4%。（　　）

4．铁碳合金相图是在极其缓慢冷却（或极其缓慢加热）的条件下，不同成分铁碳合金的组织状态随温度变化的图解。（　　）

5．铁碳合金相图中，*ES* 线是碳在铁素体中的饱和溶解度曲线（固溶线）。（　　）

6．渗碳体硬度高，脆性大，断后伸长率和冲击韧度几乎为零，是一个硬而脆的组织。（　　）

四、简答题

1．下列铁碳合金基本组织的成分及性能特点分别是什么?

（1）铁素体

（2）奥氏体

（3）渗碳体

（4）珠光体

（5）莱氏体

*2. 试绘制简化后的 $Fe—Fe_3C$ 相图，说明各主要特性点和特性线的含义，并填上各区域组织。

3. 什么是共析转变和共晶转变？写出铁碳合金的共析转变式与共晶转变式。

第四章　非 合 金 钢

第一节　概　　述

一、填空题（将正确答案填写在横线上）

1. 根据国家标准GB/T 13304.1—2008《钢分类》的规定，钢按化学成分分为____________、____________、____________三大类。____________是指钢中各元素含量低于规定值的铁碳合金。

2. 非合金钢在冶炼过程中不可避免地带入少量______、______、______、______等元素，必然会对钢的性能产生影响。

3. 易切削钢中适当提高______、______的含量，可以增加钢的______，有利于在切削时形成断裂切屑，从而提高钢的________________。

4. 按钢的质量等级可以把非合金钢分为____________、____________、____________、____________四类。

二、选择题（将正确答案的序号填写在括号内）

*1. 按含碳量分类，低碳钢的含碳量为（　　），中碳钢的含碳量为（　　），高碳钢的含碳量为（　　）。

A. $0.25\%<w_C<0.60\%$　　B. $0.60\% \leqslant w_C \leqslant 2.11\%$

C. $0.0218\%<w_C \leqslant 0.25\%$

2. 结构钢、工具钢是按钢的（　　）进行划分的。

A. 含碳量　　B. 质量等级　　C. 用途　　D. 脱氧程度

三、判断题（正确的在括号内打"√"，错误的在括号内打"×"）

1. 亚共析钢都是低碳钢或中碳钢。（　　）

2. 过共析钢都是高碳钢。（　　）

四、简答题

1. 根据冶炼时脱氧程度的不同，非合金钢可分为哪几类？

2. 钢中的有害元素是什么？为什么？

第二节　碳素结构钢与优质碳素结构钢

一、填空题（将正确答案填写在横线上）

1. 碳素结构钢随着含碳量增加，__________、__________增加，__________、__________下降。

2. Q235AF 钢按含碳量分属于__________钢，按质量等级分属于__________钢，按用途分属于__________钢，按脱氧程度分属于__________钢。

3. 45 钢按含碳量分属于__________钢，按质量等级分属于__________钢，按用途分属于__________钢，按脱氧程度分属于__________钢。

4. 65Mn 钢按含碳量分属于__________钢，按质量等级分属于__________钢，按用途分属于__________钢。

二、选择题（将正确答案的序号填写在括号内）

*1. 选择制造下列零件的材料：冷冲压件（　　）、车床主轴（　　）、小弹簧（　　）、渗碳零件（　　）。

A．08 钢　　B．20 钢　　C．65Mn 钢　　D．45 钢

*2. 建造桥梁和厂房需采用的材料是（　　）。

A．Q235 钢　　B．65Mn 钢　　C．45 钢

三、判断题（正确的在括号内打“√”，错误的在括号内打“×”）

1. 碳素结构钢一般属于低碳钢。（　　）

2. 碳素弹簧钢的含碳量一般在 0.6% 以下。（　　）

3. 优质碳素结构钢通常只按力学性能进行选择。（　　）

4. 低碳钢的强度、硬度低，但具有良好的塑性、韧性及焊接性能。（　　）

5. 在实际工程结构中，Q235 钢是应用最广泛的一种材料。（　　）

四、牌号说明

1. Q235A

2. 08

3. 45

4. 65Mn

五、简答题

1. 简述碳素结构钢牌号的表示方法。

2. 优质碳素结构钢的含碳量不同，对其性能有什么影响？应如何选用？

第三节 碳素工具钢

一、填空题（将正确答案填写在横线上）

1. 碳素工具钢按冶金质量等级可分为__________钢与______________钢两类。

2. 碳素工具钢的含碳量一般为__________，各种牌号的碳素工具钢经淬火（热处理工艺）后_______相近。

3. T12A 按含碳量分属于__________钢，按质量等级分属于__________钢，按用途分属于__________钢，按脱氧程度分属于__________钢。

二、选择题（将正确答案的序号填写在括号内）

1. T8 钢的平均含碳量为（　　）。

A. 0.08%　　B. 0.8%　　C. 8%

*2. 选择制造下列工具所采用的材料：錾子（　　）、锉刀（　　）、手工锯条（　　）。

A. T8 钢　　B. T10 钢　　C. T12 钢

3．下列牌号中属于工具钢的是（ ）。

A．20 钢　　B．08F 钢　　C．T10A 钢

4．下列牌号中属于优质碳素结构钢的是（ ）。

A．T8A 钢　　B．08F 钢　　C．Q235A 钢

三、判断题（正确的在括号内打“√”，错误的在括号内打“×”）

*1．T10 钢的含碳量为 10%。（ ）

2．碳素工具钢都是高碳钢。（ ）

四、牌号说明

1．T8Mn

2．T10A

3．T12

五、简答题

碳素工具钢的含碳量不同，对其性能有什么影响？

第四节　铸造碳钢

一、填空题（将正确答案填写在横线上）

1．铸钢主要用来制造形状__________、力学性能要求__________的零件。

2．随着含碳量的增加，铸钢的强度、硬度________，塑性、韧性________，而且铸造性能也变_________。

二、选择题（将正确答案的序号填写在括号内）

下列牌号中，属于优质碳素结构钢的是（　　），属于碳素结构钢的是（　　），属于碳素工具钢的是（　　），属于铸钢的是（　　）。

A．T8A 钢　　B．08F 钢　　C．Q235A 钢　　D．ZG270—500 钢

三、牌号说明

1．ZG340—640

2．ZG230—450

第五章　钢的热处理

第一节　钢在加热、冷却时的组织转变

一、填空题（将正确答案填写在横线上）

1. 热处理是对金属材料在固态下，采用适当的方式进行__________、__________和__________，以获得所需要的__________的工艺。

2. 整体热处理的常用方法包括__________、__________、__________和__________四种。

3. 在实际的加热和冷却条件下，钢的组织转变总有__________现象，在加热时要______于、在冷却时要______于相图上的临界点。

4. 过冷奥氏体在等温转变条件下，转变温度、转变时间与转变产物之间的关系曲线称为__________图，也称__________曲线。

5. 热处理工艺中，常采用__________冷却和__________冷却两种冷却方式。

6. 共析钢的过冷奥氏体等温转变，在 A_1 ~ 550℃温度范围内，转变产物为__________、__________、__________。

7. 共析钢的过冷奥氏体等温转变，在 550℃ ~ *Ms* 温度范围内，转变产物为__________、__________。

8. 马氏体转变是钢__________的主要手段。

9. 钢的过冷奥氏体在连续冷却时不发生非马氏体转变所需的__________冷却速度，称为__________冷却速度。

二、选择题（将正确答案的序号填写在括号内）

1. 过冷奥氏体是指冷却到（　　）温度以下，尚未转变的奥氏体。

   A. A_1　　B. *Mf*　　C. *Ms*

2. 对于共析钢而言，需加热到（　　）以上，才能获得单一的奥氏体。

   A. Ac_1　　B. Ac_3　　C. Ac_{cm}

3. 热处理工艺中，钢的加热是为了获取（　　）组织。

   A. 珠光体　　B. 奥氏体　　C. 铁素体

4. 在 A_1 ~ 550℃温度范围内，共析钢的过冷奥氏体等温转变产物为（　　）型组织。

   A. 贝氏体　　B. 珠光体　　C. 铁素体

5. 在以下组织中，强度低、塑性差、基本无使用价值的组织是（　　）。

   A. 珠光体　　B. 下贝氏体　　C. 上贝氏体

6. 当钢从奥氏体区急冷到 *Ms* 以下时，奥氏体转变为（　　）。

   A. 马氏体　　B. 珠光体　　C. 铁素体

7. 在下图所示的 C 曲线上分析过冷奥氏体连续冷却的组织转变过程，图中冷却速度最

快的是（　　）。

A. v_1　　B. v_2　　C. v_4

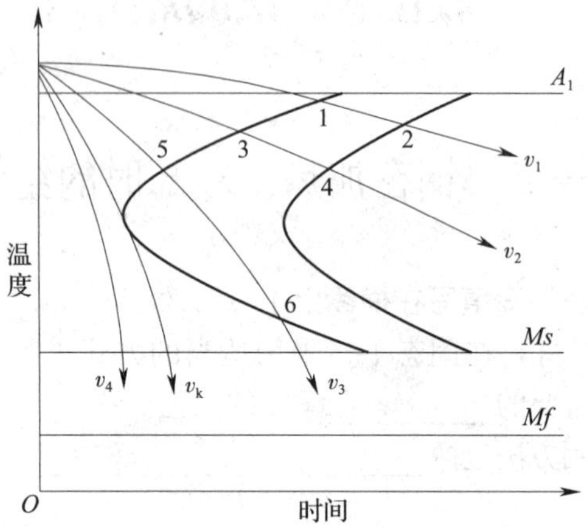

温度

时间

O

A_1

Ms

Mf

v_1　v_2　v_3　v_4　v_k

1　2　3　4　5　6

8．分析上图中不同冷却速度下的转变产物：v_1（　　），v_2（　　），v_4（　　）。

A. P　　B. M+A′　　C. S

三、判断题（正确的在括号内打“√”，错误的在括号内打“×”）

1．实际加热时的临界点就是相图上的临界点。（　　）

2．珠光体向奥氏体转变是通过晶核形成及晶核长大来实现的。（　　）

3．奥氏体晶粒越细小，热处理后钢的力学性能也越好。（　　）

4．钢经加热获得奥氏体后，在不同冷却条件下，所获得的组织和性能都是相同的。（　　）

5．过冷奥氏体是一种稳定组织。（　　）

6．珠光体、索氏体和屈氏体均为珠光体型组织，所以它们的力学性能完全相同。（　　）

7．下贝氏体组织具有良好的综合力学性能。（　　）

8．马氏体组织具有硬而脆的性能特点。（　　）

四、简答题

1．加热温度越高，保温时间越长，钢的奥氏体化越完全，那么是不是加热温度越高，保温时间越长，热处理效果就越好呢？

2．过冷奥氏体（以共析钢为例）在不同温度下保温时会发生哪些组织转变？其最终产物的性能如何？

3．简述马氏体的性能与含碳量的关系。

4．分别用 T8 钢和 T10 钢制造的工件，同时加热到 Ac_1 以上，保温后以大于 v_k 的速度冷却，试问它们的硬度和耐磨性是否相同？为什么？

第二节 钢的退火与正火

一、填空题（将正确答案填写在横线上）

1．退火是指将钢加热到适当温度，____________一定时间，然后__________冷却的热处理方法。

2．常用的退火方法有______________、________________和________________。

3．完全退火主要用于____________钢和____________钢的锻件、铸件、热轧型材和焊接件等。

4．球化退火适用于______________及______________，目的是降低钢的____________，

改善____________，消除__________。

5．正火后得到的组织为比较细小的________，其强度、硬度比退火钢________。

6．正火用于消除网状____________，一般是作为______热处理，但当力学性能要求不高时，也可作为______热处理。

二、选择题（将正确答案的序号填写在括号内）

1．以下退火工艺中，钢的组织不发生改变的是（　　）。

A．完全退火　　B．球化退火　　C．去应力退火

2．50钢工件锻造后，应选用（　　）工艺改善其切削加工性。

A．完全退火　　B．球化退火　　C．去应力退火

3．T10钢锻件，为改善其切削加工性，应选用（　　）工艺。

A．完全退火　　B．球化退火　　C．去应力退火

4．为改善20钢锻件的切削加工性，应选用（　　）工艺。

A．完全退火　　B．球化退火　　C．正火

三、判断题（正确的在括号内打“√”，错误的在括号内打“×”）

1．完全退火可以用于消除过共析钢中的网状二次渗碳体。（　　）

2．钢的预备热处理一般应安排在毛坯生产之后，其目的是满足零件的使用性能要求。（　　）

3．高碳钢经球化退火后，可获得球状珠光体组织。（　　）

4．为防止低碳钢切削加工时的“粘刀”现象，可用正火改善其切削加工性能。（　　）

四、简答题

1．退火的目的有哪些?

2．试比较正火与退火作用的异同。

3．退火和正火的选用应考虑哪些因素？

4．冬天在室外用火焰切割的45钢板，边缘会特别硬，为什么？如果要对钢板进行切削加工，应对其进行哪种热处理？

5．试确定下列工件的退火方法。

（1）T12A钢锻造毛坯。

（2）用45钢制造的车床主轴锻造毛坯。

（3）用HT200铸造的机壳。

第三节　钢的淬火与回火

一、填空题（将正确答案填写在横线上）

*1. 淬火的主要目的是获得__________，以提高钢的__________、__________和__________。

2. 亚共析钢的淬火加热温度为_____以上 30 ~ 50℃，淬火后获得_______________。过共析钢淬火加热温度为________以上 30 ~ 50℃，淬火后将在______________基体上均匀分布着细颗粒__________组织。

3. 常用的淬火方法有______________、______________、______________、______________。

4. 钢的淬透性与钢的____________有密切关系。

5. 高碳钢的淬硬性很______，但淬透性______。

6. 工件表面及中心的冷却速度都大于材料的__________冷却速度，则沿工件的整个截面都能获得__________组织，即钢被完全淬透。

7. 根据回火温度的不同，淬火钢的组织依次转变为________、________、________。

8. 淬火钢随回火温度的升高，钢的强度、硬度______，塑性、韧性______。

9. 常用的回火方法有__________、__________和__________。

10. 调质是指__________及__________的复合热处理工艺，调质后钢的组织为__________。

二、选择题（将正确答案的序号填写在括号内）

1. 共析钢适宜的淬火加热温度为（　　）。

A. Ac_1 以上 30 ~ 50℃　　B. Ac_3 以上 30 ~ 50℃

C. Ac_{cm} 以上 30 ~ 50℃

*2. 淬火冷却时先将工件浸入一种冷却能力强的介质中，随后取出浸入另一种冷却能力较弱的介质中冷却的工艺称为（　　）。

A. 马氏体分级淬火　　B. 双介质淬火　　C. 贝氏体等温淬火

3. 淬火钢回火后的硬度主要取决于（　　）。

A. 回火加热速度　　B. 回火冷却速度　　C. 回火温度

*4. T12 钢锉刀的淬火冷却介质宜选用（　　）。

A. 矿物油　　B. 水　　C. 盐浴

5. 40 钢经调质处理后的组织为（　　）。

A. 回火马氏体　　B. 回火索氏体　　C. 回火屈氏体

6. 用 60Si2Mn 钢制作的机车弹簧淬火后需进行（　　）。

A. 低温回火　　B. 中温回火　　C. 高温回火

7. 用 45 钢制造的车床主轴淬火后需进行（　　）。

A. 低温回火　　B. 中温回火　　C. 高温回火

三、判断题（正确的在括号内打“√”，错误的在括号内打“×”）

1．钢的奥氏体晶粒因过热而粗化时，会使钢脆化。 （　　）

*2．钢淬火时，冷却介质的冷却能力越强越好。 （　　）

3．回火钢的性能不仅与加热温度有关，而且与冷却速度有关。 （　　）

4．钢的淬透性和淬硬性都取决于钢的含碳量。 （　　）

5．低碳合金钢的淬透性好，但淬硬性差。 （　　）

6．钢的淬硬性好，其淬透性一定好。 （　　）

7．回火脆性可采用回火后快冷的方法加以避免。 （　　）

8．调质处理的目的在于提高钢的综合力学性能。 （　　）

四、简答题

1．为什么淬火后的钢一般需及时进行回火处理？

2．常用的回火工艺有哪几种？简述各自的用途。

3．什么是淬透性和淬硬性？它们有什么区别？

4．钢的淬火加热温度由什么决定？为什么过共析钢淬火时不加热到 Ac_{cm} 线以上？

5．有三种工件，分别是45钢制作的连杆、65Mn钢制作的弹簧、T10钢制作的锯条，淬火后各采用哪种回火方法？

第四节　钢的表面热处理和化学热处理

一、填空题（将正确答案填写在横线上）

1．表面热处理和化学热处理是对工件表面进行________的热处理方法，其主要目的是改变工件表面的___________，提高表面的________和________，而心部仍保持良好的________、________和________。

2．表面热处理分为_______________、_______________、_______________等。

3．按加热方式不同，常用的表面淬火方法有_________________表面淬火和___________________表面淬火。

4．化学热处理的种类很多，根据渗入元素的不同，化学热处理可分为___________、_____________、______________、______________、______________等。

5．化学热处理是通过___________、___________和___________三个基本过程完成的。

二、选择题（将正确答案的序号填写在括号内）

1．对齿轮进行表面淬火时，常选用（　　）加热表面淬火方法。

A．火焰　　B．感应　　C．电炉

2．化学热处理与其他热处理方法的主要区别是（　　）。

A．加热温度不同　　B．加热方式不同

C．表面化学成分改变

3．用15钢制造的齿轮，要求齿轮表面硬度高而心部具有良好的韧性，应采用（　　）热处理。若改用45钢制造这一齿轮，则采用（　　）热处理。

A．淬火＋低温回火　　B．表面淬火＋低温回火

C．渗碳＋淬火＋低温回火

4．最适宜表面淬火的钢种是（　　）。

A．低碳钢　　B．中碳钢　　C．高碳钢

三、判断题（正确的在括号内打“√”，错误的在括号内打“×”）

1．用T11钢制造的工具，为进一步提高其硬度和耐磨性，可再进行渗碳处理。（　　）

2．表面淬火过程中无保温阶段。（　　）

3．中温碳氮共渗不需要后续热处理。（　　）

四、简答题

1．什么是表面淬火？

2．什么是化学热处理？

3．零件渗碳后还需进行哪种热处理？经处理后的零件有哪些性能特点？哪些零件需要进行这种热处理？

4．为什么渗氮后不需要再进行淬火等热处理？

第五节　典型零件的热处理分析

一、填空题（将正确答案填写在横线上）

1. 工件在热处理后，对应得到的__________、__________、__________和__________等方面的要求，统称热处理技术条件。

2. 根据热处理的目的和工序位置的不同，热处理可分为________热处理和________热处理两大类。

3. 预备热处理一般包括__________、__________、__________等，最终热处理一般包括____________、____________、____________及____________等。

二、简答题

*1. 一批 45 钢制造的齿轮，要求整体硬度为 220 ~ 250HBW，表面硬度为 52 ~ 58HRC，其加工工艺路线为下料→锻造→正火→粗加工→调质→精加工→高频淬火及低温回火→精磨内孔。试分析其热处理工序位置，并说明各种热处理的目的。

2. 用 T12 钢制造的锉刀，要求成品硬度为 60HRC 以上。加工工艺路线为锻造→热处理→粗加工→热处理→精加工。试写出各热处理工序的名称及其作用。

第六章　低合金钢与合金钢

第一节　概　　述

一、填空题（将正确答案填写在横线上）

1．低合金钢与合金钢就是在______________的基础上，为了改善钢的性能，在冶炼时有目的地加入一种或几种______________的钢。

2．合金元素在钢中的主要作用有____________、____________、____________、____________和____________。

3．低合金钢按质量等级分为_______钢、_______钢和_______钢；合金钢按质量等级分为_______钢和______________钢。

4．合金钢中__________________________等元素能与碳形成碳化物。根据合金元素与碳的亲和力不同，它们在钢中形成的碳化物可分为____________和____________两类。其中______________比______________具有更高的熔点、硬度和耐磨性，而且更稳定、不易分解，能显著提高钢的强度、硬度和耐磨性。

5．除钴外，所有的合金元素溶解于奥氏体后，均可增加______________的稳定性，_________其向珠光体的转变，使C曲线_________，从而_________淬火临界冷却速度，___________钢的淬透性。

6．常用的提高淬透性的合金元素有_______、_______、_______、_______和硼等。

二、名词解释

1．回火稳定性

2．热硬性

三、简答题

1．合金元素为什么能提高钢的回火稳定性？回火稳定性高的钢有哪些优点？

2．合金元素为什么能提高钢的淬透性？淬透性对钢有哪些影响？

第二节　合金结构钢

一、填空题（将正确答案填写在横线上）

1．按用途不同，合金结构钢可以分为____________和____________两类。

2．按照用途和热处理特点，机械制造用钢又可分为______________、______________、______________和滚动轴承钢等。

3．Q345 表示____________为 345 MPa 的______________钢。

4．合金渗碳钢为________成分，为改善切削加工性能，预备热处理应采用________，为保证表面的高硬度和高耐磨性，合金渗碳钢的最终热处理应采用______________后再______________。

5．20CrMnTi 表示平均含碳量为____________，铬、锰、钛平均含量都____________的__________钢。20Mn2B 表示平均含碳量为__________，平均含锰量为__________，平均含硼量__________的__________钢。

6．合金调质钢的含碳量一般为________，含碳量过低，________不足；含碳量过高，则________不足。

7．为获得良好的综合力学性能，合金调质钢的最终热处理应采用__________。

8．40Cr 表示平均含碳量为________，平均含铬量________的合金调质钢。

9．合金弹簧钢的含碳量一般为________，含碳量过高，________和________降低，________也下降。

10．合金弹簧钢经热处理后具有高的__________、高的__________、足够的__________和__________，以及较好的表面质量。

11．弹簧按成形工艺不同分为______________弹簧和______________弹簧。

12．50CrV 表示平均含碳量为______________，铬、钒平均含量都______________的______________合金弹簧钢。

13．热成形弹簧成形后进行______________，可获得很高的疲劳强度和弹性极限。

14．滚动轴承钢必须具有高的____________和____________，高的____________，足够的____________和一定的耐腐蚀性。

15．硫和磷形成的____________会降低钢的接触疲劳强度，因此滚动轴承钢中硫和磷杂质含量控制得很严格，滚动轴承钢都是____________钢。

16．滚动轴承钢的预备热处理采用________________，最终热处理为______________。

17．牌号 GCr15SiMn 的滚动轴承钢，G 表示____________，平均含铬量为________，硅、锰平均含量________。

二、选择题（将正确答案的序号填写在括号内）

1．下列合金结构钢的牌号分别是低合金高强度结构钢（　　）、合金渗碳钢（　　）、滚动轴承钢（　　）、合金调质钢（　　）、合金弹簧钢（　　）。

A．20CrMnTi　　B．Q345　　C．40Cr　　D．60Si2Mn

E. GCr15

2．奥运“鸟巢”采用了下列钢中的（　　）。

A．GCr15　　B．20Cr　　C．Q460　　D．40Cr

*3．为制造下列零件选择合适的材料：汽车板簧（　　）、滚动轴承（　　）、机床丝杠（　　）。

A．60Si2Mn　　B．40Cr　　C．GCr15

4．原计划用 40Cr 钢制造的零件，若因材料短缺，可用（　　）钢来替代。

A．20Cr　　B．60Si2Mn　　C．40CrB　　D．GCr15

5．对于要求综合力学性能良好的轴、齿轮、连杆等重要零件，应选择（　　）。

A．合金调质钢　　B．合金弹簧钢　　C．合金渗碳钢

6．载重车、越野车用的弹簧多采用下列钢中的（　　）制造。

A．GCr15　　B．55SiMnMoVNb

C．20CrMnTi　　D．42CrMo

7．50CrVA 中的 A 代表（　　）。

A．普通 A 级钢　　B．高级优质钢

8．用 20CrMnTi 制造汽车变速齿轮，加工工艺路线为锻造→预备热处理→粗加工→最终热处理→磨齿。其中，最终热处理方法是（　　）。

A．渗碳　　B．渗碳 + 淬火

C．渗碳 + 淬火 + 低温回火　　D．渗碳 + 淬火 + 高温回火

9．合金调质钢一般用于制造要求综合力学性能较好的零件，其含碳量一般（　　）。

A．小于 0.25%　　B．为 0.25% ~ 0.5%

C．大于 0.5%　　D．为 4.3%

10．某零件用 45 钢制造，用水作为冷却介质进行淬火时产生了裂纹，现改用油作为冷却介质进行淬火，需改用（　　）钢制造。

A．40Cr　　B．T7A　　C．20Cr　　D．60Si2Mn

11．38CrMoAlA 属于（　　）。

A．合金工具钢　　B．合金弹簧钢　　C．合金调质钢　　D．合金渗碳钢

三、判断题（正确的在括号内打“√”，错误的在括号内打“×”）

1．除铁和碳外还有其他元素的钢就是合金钢。（　　）

2．低合金高强度结构钢加入的主要合金元素是 Mn、Si、Ti、Nb、V 等，它们大多数不能在热轧退火或正火状态下使用，一般要进行热处理后才能使用。（　　）

3．20CrMnTi 是最常用的合金渗碳钢，适用于制造截面直径在 30 mm 以下的高强度渗碳

零件。（　　）

4. GCr15 中铬的含量为 15%。（　　）

5. 用合金调质钢制造的机械零件，在制造工艺中都要经过调质处理。（　　）

6. GCr15 主要用于大型滚动轴承，GCr15SiMn 主要用于中小型滚动轴承。（　　）

7. Q295 和 Q235 均为低合金高强度结构钢。（　　）

8. 因为弹簧的尺寸不同，其加工方法也不同，因而采用的热处理方法也不同。（　　）

四、简答题

1. 合金调质钢预备热处理应采用哪种热处理工艺？目的是什么？

2. 某机床齿轮采用 40Cr 钢制作，要求轮齿表面硬度为 50 ~ 55HRC，整体要求具有良好的综合力学性能，硬度为 34 ~ 38HRC。其加工工艺路线为下料→锻造→热处理→粗加工→热处理→精加工→热处理→磨削加工。试写出工序中各项热处理的方法及它们的作用。

第三节　合金工具钢

一、填空题（将正确答案填写在横线上）

1. 合金工具钢按使用性能和主要用途分为______________、______________和______________。

2. 合金刃具钢分为__________和__________两种，主要用来制造____________、____________、____________、____________、____________、____________、

__________等。

3. 低合金刃具钢的含碳量一般为__________，保证淬火后具有高的硬度和耐磨性，加入的合金元素总量一般不超过__________。

4. 9SiCr 表示平均含碳量为_______，硅、铬平均含量都________的__________钢。

5. CrWMn 表示平均含碳量_____________，铬、钨、锰平均含量都__________的__________钢。

6. CrWMn 钢热处理后变形小，又称_____________钢，主要用来制造较精密的__________刀具，如长铰刀、拉刀等。

7. 高速钢是一种用于__________的__________工具钢。

8. 高速钢的特点是具有高_________、高_________和足够的_________，高速钢的热硬性可达_________，切削时能长期保持刃口锋利，故又称_________。

9. W18Cr4V 表示平均含碳量为____________，平均含钨量为_____，平均含铬量为_______，平均含钒量小于 1.5% 的_______钢。

10. 根据工作条件不同，模具钢又可分为_______模具钢、_______模具钢和_______模具钢三类。

11. Cr12MoV 表示平均含碳量_________，主要合金元素铬的平均含量为_______，钼和钒的含量均__________的__________钢。

12. 冷作模具钢的特点是__________、__________，具有高__________、高__________、足够的__________和韧性。

13. 5CrMnMo 表示平均含碳量为________，铬、锰、钼平均含量都_______的_______钢。

14. 为保证热作模具钢具有足够的强度和韧性，最终热处理采用__________。

二、选择题（将正确答案的序号填写在括号内）

1. 只有采用（　　）才能消除低合金刃具钢中存在的较严重的网状碳化物。

A. 球化退火　　B. 调质处理　　C. 反复锻造　　D. 正火

2. 选择下列合金工具钢的牌号：低合金工具钢（　　）、高速钢（　　）、冷作模具钢（　　）、热作模具钢（　　）。

A. CrWMn　　B. W18Cr4V　　C. Cr12MoV　　D. 5CrMnMo

*3. 为下列工具选择合适的材料：长丝锥（　　）、车刀（　　）、冷冲模（　　）、热挤压模（　　）。

A. W18Cr4V　　B. 3Cr2W8V　　C. CrWMn　　D. Cr12MoV

4. 根据下列最终热处理方法选择适用的材料：淬火加低温回火（　　）、淬火后在 550 ~ 570℃多次回火（　　）、淬火后中温或高温回火（　　）。

A. W18Cr4V　　B. 5CrMnMo　　C. 9SiCr

5. 低合金刃具钢由于合金元素加入量不大，故仍不具备高的热硬性，一般工作温度不得超过（　　）℃。

A. 200　　B. 500　　C. 300　　D. 600

6. 为减小内应力、改善切削加工性能和为淬火做准备，低合金刃具钢的预备热处理采用（　　）；为获得所需要的力学性能，最终热处理采用（　　）。

A．淬火后低温回火　　　　　　　　　B．球化退火

C．淬火后高温回火　　　　　　　　　D．去应力退火

7．为改善切削加工性能，并为淬火做好组织准备，高速钢的预备热处理一般采用（　　），最终热处理一般采用高温淬火后在（　　）温度下进行多次回火。

A．正火　　　　　　　　　　　　　B．球化退火

C．550 ~ 570℃　　　　　　　　　D．800 ~ 850℃

8．热作模具钢一般为（　　）合金钢。

A．高碳　　　　B．中碳　　　　C．低碳

9．冷作模具钢的最终热处理一般采用（　　）。

A．淬火后低温回火　　　　　　　　　B．淬火后高温回火

C．淬火后中温回火　　　　　　　　　D．渗碳

10．大型冷作模具一般采用（　　）等高碳高铬钢制造。

A．Cr12　　　　B．5CrMnMo　　　　C．3Cr2W8V　　　　D．W18Cr4V

三、判断题（正确的在括号内打“√”，错误的在括号内打“×”）

1．合金工具钢都是高碳钢。（　　）

2．低合金刃具钢是低碳钢。（　　）

3．9SiCr 钢热处理后变形小，又称微变形钢，主要用来制造较精密的低速刀具，如长铰刀、拉刀等。（　　）

4．高速钢的淬透性很好，空冷可得到马氏体组织，因此高速钢的淬火通常采用空冷。（　　）

5．碳素工具钢和低合金刃具钢用于制造低速成形刀具。（　　）

6．3Cr2W8V 钢的平均含碳量为 0.3%，所以它是合金结构钢。（　　）

7．CrWMn、Cr12MoV 等钢因为牌号前面没有数字，故含碳量很低。（　　）

8．冷作模具工作时的实际温度一般不超过 300℃。（　　）

四、简答题

1．为什么合金刃具钢的使用寿命比碳素工具钢的使用寿命长？

2．对量具钢有什么性能要求？量具一般应进行哪种热处理？高精度量具常用什么钢制作？

3．热作模具钢和冷作模具钢的使用条件和性能要求有什么不同？分别有哪些常用材料？

4．高速钢是否适宜制作锉刀、丝锥、板牙等低速切削工具？

第四节　特殊性能钢

一、填空题（将正确答案填写在横线上）

1．在机械制造业中常用的特殊性能钢有__________、__________和__________等。

2．不锈钢中的基本合金元素是______和______，只有当____________时，不锈钢才具有良好的耐腐蚀性。

3．06Cr19Ni10表示含碳量不大于______，含铬量为__________，含镍量为__________的不锈钢。

*4．在高温下具有高的____________性能和较高_________的钢称为耐热钢。

5．20Cr25Ni20表示含碳量不大于______，含铬量为_________，含镍量为_________的耐热钢。

6．高锰钢经________处理后，获得均匀单一的_________组织。此时钢的________不高，___________很好。当在工作中受到强烈的冲击和压力而变形时，表面会产生强烈的________，使其硬度显著提高，从而获得高的耐磨性。

7．ZGMn13牌号中的ZG代表_________，表示平均含锰量为_________的铸造高锰钢，是典型的___________钢。

二、选择题（将正确答案的序号填写在括号内）

1．下列特殊性能钢的牌号分别是不锈钢（　　）、耐热钢（　　）、耐磨钢（　　）。

A．42Cr9Si2　　B．20Cr13

C．ZGMn13　　D．12Cr18Ni9

*2．为制造下列工件选择合适的材料：输送石油的管道（　　）、餐具（　　）、锅炉燃烧室（　　）、高温弹簧（　　）、履带（　　）。

A．ZGMn13　　B．06Cr13Al　　C．07Cr17Ni7Al　　D．12Cr13

E．022Cr22Ni5Mo3N

三、判断题（正确的在括号内打"√"，错误的在括号内打"×"）

1．铬不锈钢的耐腐蚀性、塑性和韧性均好于铬镍不锈钢。（　　）

2．随着不锈钢中含碳量的增加，其强度、硬度和耐磨性提高，但耐腐蚀性下降，因此，大多数不锈钢的含碳量都较低。（　　）

3．Cr12MoV 含铬量很高，因而是不锈钢。（　　）

4．022Cr22Ni5Mo3N 表示含碳量为 0.22% 的不锈钢。（　　）

5．ZGMn13 钢经水韧处理后，即具有高硬度和高耐磨性。（　　）

6．只要含有铬的钢都是不锈钢。（　　）

四、简答题

1．不锈钢有哪几种？说明其成分、性能特点及用途。

2．最常用的耐磨钢是哪种？它采用哪种热处理方法？热处理后有什么性能特点？

第五节　钢的火花鉴别

一、填空题（将正确答案填写在横线上）

1．将钢试件放在__________磨削，由发出的火花特征来判断它的成分，这种方法称为火花鉴别法。

2．火花由______________、______________、______________、______________、尾花五部分组成。

3．钢试件在砂轮上磨削时所产生的全部火花称为____________，火束中明亮的线条称为______________，其中途爆裂的地方称为______________，由其发射出来的细流线称为__________。在流线上由节点、芒线所组成的火花称为__________，分散在其间的点状火花称为__________，火束尾部的火花称为__________。

4．火花鉴别的主要设备是__________。砂轮转速一般为________r/min，所用砂轮是

36 ~ 60 号棕刚玉砂轮，砂轮规格以 ϕ150 mm × 25 mm 为宜。

二、判断题（正确的在括号内打“√”，错误的在括号内打“×”）

1．不同化学成分的钢打磨时，火花的流线形状不同，例如，非合金钢火束中流线均呈直线状，铬钢和铬镍钢火束中常夹有波浪流线，钨钢和高速钢火束中常出现断续流线。（　　）

2．一般爆花上芒线越多，该钢的含碳量越低。（　　）

3．出现花粉是高碳钢火花的特点。（　　）

4．直羽尾花是钢中钨元素的特征，枪尖尾花是钢中钼元素的特征，狐尾花是钢中硅元素的特征。（　　）

5．在高速钢火花中常出现枪尖尾花。（　　）

6．一般来说，钢中含碳量越低，火花越多，火束也由长趋向短。锰、铬、钒抑制火花爆裂，钨、硅、镍、钼和铝促进火花爆裂。（　　）

7．中碳钢火束较长，流线稍多，颜色橙黄带红，发光适中，多根分叉爆裂，呈一次花。（　　）

三、简答题

1．简述火花鉴别的操作方法。

2．简述 45 钢的火花特征。

3．简述金属分析仪的作用。

第七章 铸 铁

第一节 概 述

一、填空题（将正确答案填写在横线上）

1．铸铁是含碳量大于__________且含有__________、__________、__________、__________等元素的铁碳合金。

2．铸铁中的碳主要以__________和__________两种形式存在。

3．铸铁的力学性能取决于铸铁的__________及__________的数量、形状、大小和分布状况。

4．按灰铸铁中石墨存在的形态不同，可将铸铁分为__________、__________、__________、__________四种，其石墨形态分别为__________、__________、__________、__________。

二、选择题（将正确答案的序号填写在括号内）

1．石墨的硬度为（　　）。

A．1 ~ 3HBW　　B．3 ~ 5HBW　　C．5 ~ 7HBW　　D．7 ~ 9HBW

2．（　　）不能作为铸铁的基体组织。

A．珠光体　　B．铁素体　　C．渗碳体　　D．珠光体加铁素体

3．可以促进石墨化的元素有（　　）。

A．铬　　B．钨　　C．硫　　D．硅

4．（　　）主要用作炼钢原料、可锻铸铁的毛坯。

A．白口铸铁　　B．灰铸铁　　C．麻口铸铁

三、判断题（正确的在括号内打"√"，错误的在括号内打"×"）

1．白口铸铁是工业上应用最多最广的铸铁。（　　）

2．铸铁具有良好的切削加工性是因为石墨对基体有割裂作用。（　　）

四、简答题

1．什么是石墨化？影响石墨化的因素有哪些？

2．铸铁的组织对其力学性能有什么影响?

第二节 灰 铸 铁

一、填空题（将正确答案填写在横线上）

1．灰铸铁是碳全部或大部分以____________形式存在的铸铁。

2．按基体组织不同，灰铸铁可分为____________灰铸铁、____________灰铸铁和____________灰铸铁三种。

3．灰铸铁的____________和____________与相同基体的钢相近。

4．灰铸铁常用的热处理工艺有____________、____________和____________。

5．HT200 中 HT 表示____________，200 表示____________。

二、选择题（将正确答案的序号填写在括号内）

1．制造机床床身、机座、机架、箱体等铸铁件适宜采用（　　）。

A．灰铸铁　　B．可锻铸铁　　C．球墨铸铁　　D．铸钢

*2．为下列工件选择合适的灰铸铁：车床卡盘（　　）、手轮（　　）、主轴箱箱体（　　）、车床床身（　　）。

A．HT400　　B．HT300　　C．HT200　　D．HT100

3．灰铸铁的组织是在钢的基体上分布着（　　）石墨。

A．团絮状　　B．球状　　C．片状　　D．蠕虫状

4．灰铸铁进行热处理的主要目的是（　　）。

A．减小内应力　　B．提高表面硬度和耐磨性

C．消除白口组织　　D．提高强度、塑性和韧性

三、判断题（正确的在括号内打“√”，错误的在括号内打“×”）

1．灰铸铁的热处理只能改变基体组织而不能改变石墨的形态。（　　）

2．HT150 适于制造承受高负荷的重要零件。（　　）

3．表面要求较高硬度和耐磨性的灰铸铁采用去应力退火可满足性能要求。（　　）

四、简答题

1．铸铁件中往往表面和薄壁处硬度高难以切削加工，说明其原因及处理措施。

2．灰铸铁有哪些性能特点？试在车床上找出五种铸铁件。

3．什么是孕育处理？其目的主要是什么？

第三节　球墨铸铁

一、填空题（将正确答案填写在横线上）

1．球墨铸铁中的石墨呈________状，其________基体的作用及应力集中现象大为减小，所以球墨铸铁的____________和____________显著提高，可用于制造__________较大、受力__________的零件。

2．生产球墨铸铁时使用的球化剂有____________、____________、____________，球化处理之后还应加入孕育剂进行______________。

3．QT450—10属于________________球墨铸铁，其中450表示________________，10表示________________。

二、选择题（将正确答案的序号填写在括号内）

1．获得铁素体球墨铸铁采用（　　），获得珠光体球墨铸铁采用（　　），获得回火索氏体球墨铸铁采用（　　），获得下贝氏体球墨铸铁采用（　　）。

A．正火　B．退火　C．调质处理　D．等温淬火

2．生产球墨铸铁时，铁液在球化处理之后进行孕育处理的目的是（　　）。

A．提高铁液石墨化能力　B．避免产生白口组织

C．改变基体组织　D．使石墨球细小、形状圆整、分布均匀

*3．QT500—7 可用于制造（　　）。

A．高强度齿轮　B．铁路车辆轴瓦　C．汽车曲轴　D．车床主轴

4．球墨铸铁具有良好的（　　）和（　　），并能通过热处理进一步提高其（　　）。

A．力学性能　B．工艺性能　C．强度　D．塑性

三、判断题（正确的在括号内打“√”，错误的在括号内打“×”）

1．球墨铸铁和灰铸铁一样，热处理对提高其力学性能作用不大。（　　）

2．球墨铸铁的力学性能比灰铸铁好，但铸造性不如灰铸铁。（　　）

3．对球墨铸铁进行退火可以得到珠光体基体的球墨铸铁。（　　）

四、简答题

1．为什么近年来有用球墨铸铁部分取代铸钢的趋势？

2．试说明柴油机连杆所采用的材料及热处理方法。

3．球墨铸铁一般采用哪些热处理工艺？其目的是什么？

第四节　其他常用铸铁

一、填空题（将正确答案填写在横线上）

1. 可锻铸铁是白口铸铁通过__________退火，使渗碳体分解而获得__________的铸铁。

2. 可锻铸铁的生产过程中，根据白口铸铁件退火方法的不同，可形成__________基体的可锻铸铁和__________基体的可锻铸铁。其中________基体的可锻铸铁又称为黑心可锻铸铁。

3. 蠕墨铸铁中石墨以__________形态存在。它是在高碳、低硫、低磷的铁液中加入____________（镁钛合金、稀土镁钛合金等），经蠕化处理后使石墨变为____________的高强度铸铁。

4. 蠕墨铸铁的__________及__________比其他铸铁好，因此，常用来制造工作温度较高或在使用时具有高温度_______的零部件，尤其适用于__________性能要求较高的零部件。

5. 合金铸铁是指常规元素（硅、锰）_______于普通铸铁规定含量或含有其他合金元素，不仅具有更高的_______，而且具有某些特殊性能的铸铁，如_______铸铁、_______铸铁和_______铸铁等。

二、选择题（将正确答案的序号填写在括号内）

1. 下列铸造合金中，（　　）适宜于铸造薄壁铸铁件，力学性能最好的是（　　）。

A. 球墨铸铁　　B. 可锻铸铁　　C. 蠕墨铸铁

*2. 为制造下列工件选择合适的材料：柴油机曲轴（　　）、活塞环（　　）、起重机卷筒（　　）。

A. QT800—2　　B. KTZ550—06　　C. HT200　　D. RuT340

3. KTH350—10 表示（　　）为 350 MPa，（　　）为 10% 的黑心可锻铸铁。

A. 最低抗拉强度　　B. 最低强度

C. 最低断后伸长率　　D. 最低断面收缩率

三、判断题（正确的在括号内打“√”，错误的在括号内打“×”）

1. 可锻铸铁塑性好，因而可以锻造。（　　）

2. 可锻铸铁件经浇铸后就会直接得到团絮状石墨。（　　）

3. 蠕墨铸铁的性能介于灰铸铁和球墨铸铁之间。（　　）

4. 可锻铸铁尤其适用于耐热疲劳性能要求较高的零部件。（　　）

5. 合金铸铁普遍具有耐腐蚀性好的特点。（　　）

四、牌号说明

1. KTZ700—02

2．RuT340

五、简答题

1．请选用可以用于制造推土机履带、化工管道上的阀门、汽车发动机气缸体的材料。

2．为什么黑心可锻铸铁具有较高的塑性和韧性，而珠光体可锻铸铁具有较高的强度、硬度和耐磨性?

第八章　有色金属与硬质合金

第一节　铝及铝合金

一、填空题（将正确答案填写在横线上）

1．铝是________色的金属，是地壳中含量最________的金属元素。

2．在空气中，铝的表面能形成致密的________保护膜，阻止铝进一步________，具有较好的抗______腐蚀能力。

3．铝属于________晶格金属，塑性较高，适于________加工，并可通过冷变形强化提高________。

4．工业纯铝中，铝的质量分数不低于________，其牌号用________表示。

5．铝的__________和__________良好，仅次于银、金、铜。

6．根据性能特点，铝合金分为____________、____________、____________三类。

7．合金元素加入纯铝中形成______________，再经过适当的处理后，________可以明显提高。

8．压铸是______________的简称，区别于其他铸造方法的主要特点是______________和______________。

二、选择题（将正确答案的序号填写在括号内）

1．过饱和铝基固溶体在室温或加热到某一温度时，其强度和硬度随时间的延长而增高，但塑性降低，这个过程称为（　　）。

A．固溶处理　　B．时效　　C．加工硬化　　D．回归处理

2．不是固溶强化常用合金元素的是（　　）。

A．铜　　B．镁　　C．碳　　D．锰

3．在下列铝合金牌号中，适合制造飞机空气螺旋桨的材料是（　　）。

A．3A21　　B．2B11　　C．2A70　　D．2A11

4．铸造铝合金中常加入微量元素作（　　）来细化合金组织，提高强度和塑性。

A．变质处理　　B．冷变形强化　　C．加工硬化　　D．固溶处理

5．在下列铝合金牌号中，适合制造内燃机活塞的材料是（　　）。

A．2A14　　B．7A04　　C．2A80　　D．ZL102

6．汽车发动机气缸体可以采用（　　）制造。

A．铸造铝合金　　B．压铸铝合金　　C．变形铝合金　　D．纯铝

7．在下列铝合金牌号中，适合制造飞机油箱的材料是（　　）。

A．3A21　　B．7A03　　C．ZL203　　D．ZL101

三、判断题（正确的在括号内打“√”，错误的在括号内打“×”）

1．工业纯铝中杂质含量越高，其导电性、耐腐蚀性及塑性越低。　（　　）

2．工业纯铝具有较高的强度，常用作工程结构材料。（　　）

3．2A12 中铝的质量分数不小于 99.12%。（　　）

4．变形铝合金都不能用热处理强化。（　　）

5．铝及铝合金的典型特点是密度小、比强度高。（　　）

6．防锈铝常用于制作承受高载荷的构件，如飞机上的大梁、起落架零件等。（　　）

四、简答题

1．为保证飞机安全运行，如何选择制造飞机螺旋桨的材料？

2．试分析压铸铝合金代替铸铁制造汽车发动机气缸体、气缸盖的原因。

3．实际工作中如何解决硬铝耐腐蚀性差的缺点？

第二节　铜及铜合金

一、填空题（将正确答案填写在横线上）

1．纯铜外观呈紫红色，故旧称________铜。纯铜具有__________晶格，塑性较好，易于进行冷、热变形加工。纯铜按化学成分不同可分为__________和__________两类。

2．常用的铜合金按化学成分不同，可分为__________、__________、__________三类。

3．黄铜是以_____为主加元素的铜合金，按化学成分可分为________黄铜和________黄铜。

4．白铜是以____为主加元素的铜合金。除了黄铜和白铜外，所有的铜合金都称为____。

5．青铜按主加元素不同，可分为________、________、________和________。

6．QSn4—3 表示含锡量为______，其他元素为______，余者为铜的______青铜。

7．H68 表示平均含铜量为______的普通黄铜。HPb59—1 表示平均含铜量为______，含铅量约为______的铅黄铜。

8．ZCuPb30 表示含铅量为______，余者为铜的______青铜。

二、选择题（将正确答案的序号填写在括号内）

1．可用于制造形状复杂的冲压件的材料是（　　）。

A．H68　　B．H90　　C．ZCuZn38　　D．QBe2

2．某一材料的牌号为 T3，它是（　　）。

A．含碳量为 0.3% 的碳素工具钢　　B．3 号工业纯铝

C．3 号工业纯钛　　D．3 号工业纯铜

3．可用于制造高速双金属轴瓦的材料是（　　）。

A．HPb59—1　　B．ZGMn13　　C．ZCuPb30　　D．QSn4—3

4．可用于制造具有重要用途的弹性元件的材料是（　　）。

A．H68　　B．H90　　C．ZCuZn38　　D．QBe2

5．通常含锡量小于（　　）的锡青铜，具有较好的塑性和适当的强度，适于压力加工。

A．8%　　B．10%　　C．12%　　D．32%

6．含锡量大于（　　）的锡青铜，由于塑性较差只适合铸造，称为铸造青铜。

A．3.5%　　B．2%　　C．10%　　D．47%

7．所有黄铜中塑性最好的是（　　）。

A．H80　　B．H68　　C．HSn90—1　　D．HPb59—1

三、判断题（正确的在括号内打“√”，错误的在括号内打“×”）

1．特殊黄铜是不含锌元素的黄铜。（　　）

2．纯铜和纯铝均无同素异构转变。（　　）

四、简答题

1．主加元素锌的含量对黄铜的力学性能有什么影响？

2．如何表示特殊黄铜的牌号？

3．如何表示青铜的牌号？

4．弹壳用冷冲压工艺制造，加工变形量大，试选择弹壳材料。

第三节　钛及钛合金

一、填空题（将正确答案填写在横线上）

1．纯钛是______色的金属，熔点高，密度小，热膨胀系数小，________位于金属之首。

2．钛及钛合金在海水、淡水和水蒸气中具有极高的________，比________、________和镍合金还好。

3．钛具有同素异构转变现象，在882℃以下为密排六方晶格，称为________；在882℃以上为体心立方晶格，称为________。

4．目前世界上已研制出的钛合金有数百种，常用的钛合金分为________、________和________________三类。

5．工业纯钛的常用牌号有________________、________________、________________、________________。

二、选择题（将正确答案的序号填写在括号内）

1．在（　　）℃以下钛的抗氧化能力强，优于大多数奥氏体不锈钢。

A．1668　　B．882　　C．550　　D．600

2．适合制作飞机蒙皮的材料是（　　）。

A．TC4　　B．TA5　　C．TA1　　D．TA2

3．α 型钛合金中的主要合金元素是（　　）。

A．铝、锡　　B．铝、铜　　C．铜、铬、钼　　D．钒、铁

4．TA6 是（　　）的牌号。

A．工业纯钛　B．工业纯铜　C．α 型钛合金　D．β 型钛合金

5．有太空金属之称的是（　　）。

A．铝及铝合金　B．铜及铜合金　C．钛及钛合金　D．硬质合金

三、判断题（正确的在括号内打“√”，错误的在括号内打“×”）

1．黄金、白银、钛都能被王水腐蚀。（　　）

2．钛在大气及许多介质中非常稳定是因为其表面容易形成钝化膜。（　　）

3．常温下钛分为 α 型钛和 β 型钛。（　　）

4．钛合金都能进行热处理强化。（　　）

5．高温（500 ~ 600℃）条件下 α 型钛合金强度比其他钛合金高。（　　）

6．钛合金物美价廉，广泛应用于航空、航天、造船、医疗、机械等行业。（　　）

四、简答题

1．为什么钛的耐腐蚀性非常强?

2．为什么钛及钛合金适用于航空、航天领域?

3．钛及钛合金的优点很多，是否能够替代钢材?

第四节　轴承合金

一、填空题（将正确答案填写在横线上）

1．用于制造________的合金，称为轴承合金。

2．常用的轴承合金有______、______、______和铝基轴承合金。其中______轴承合金和______轴承合金应用最广，又称为巴氏合金。

3．锡基轴承合金是一种______基体______质点类型的轴承合金，是以________为基体，以________生成的化合物、________生成的化合物作为硬质点。

4．铅基轴承合金通常是以______为基体，加入________等元素组成的轴承合金。其组织为______基体加______质点。

*5．ZSnSb11Cu6 表示_________基轴承合金，主加元素锑的含量约为________，辅加元素铜的含量约为______，其余为______。

*6．ZPbSb16Sn16Cu2 表示_____基轴承合金，锑的含量为______，锡的含量为______，铜的含量为______，其余为______。

二、选择题（将正确答案的序号填写在括号内）

1．大型机器轴承及重载汽车发动机轴承应选用（　　）轴承合金制造。

A．ZSnSb12Pb10Cu4　　B．ZSnSb8Cu4

C．ZPbSb15Sn5　　D．ZCuSn10P1

2．铅基轴承合金的强度、硬度、韧性均（　　）于锡基轴承合金，且摩擦因数较大，故只用于（　　）的轴承。

A．高　　B．低　　C．中等载荷　　D．重载荷

3．低速、低压力下的机械轴承常选用（　　）轴承合金制造。

A．ZPbSb10Sn6　　B．ZSnSb11Cu6

C．ZPbSb15Sn5　　D．ZSnSb4Cu4

三、判断题（正确的在括号内打“√”，错误的在括号内打“×”）

1．锡基轴承合金具有适中的硬度、小的摩擦因数、较好的塑性及韧性、优良的导热性和耐腐蚀性等优点，常用于重要的轴承。（　　）

2．铅基轴承合金的牌号表示方法与锡基轴承合金相同。（　　）

3．因轴承合金为直接浇铸成形，所以其牌号前加 Z。（　　）

四、简答题

1．轴承合金有哪些性能要求？

2．轴承合金的组织有哪两种？各有什么特点？

第五节 硬质合金

一、填空题（将正确答案填写在横线上）

1．硬质合金的热硬性可达________℃，保持________HRC。

2．钨钴类硬质合金牌号中数字越大，表示含钴量越______，抗冲击性能越______。

3．钨钴类硬质合金的主要成分是________和________。

4．钨钴钛类硬质合金的主要成分是碳化钨、________及钴。

5．钨钴钛类硬质合金牌号中数字越大，表示含________越多，含黏结剂钴越______，其硬度和耐磨性越高，强度和韧性越低。

6．钨钴钛类硬质合金刀具可用于加工________材料。

7．通用硬质合金又称______硬质合金，其牌号由______加顺序号组成。

二、选择题（将正确答案的序号填写在括号内）

1．（　　）刀具适于切削铸铁，（　　）刀具适于切削普通钢材。

A．钨钴类硬质合金　　B．钨钴钛类硬质合金

2．既能加工钢，又能加工铸铁，还能加工耐热钢、高锰钢、不锈钢的硬质合金刀具是（　　）刀具。

A．钨钴类硬质合金　　B．钨钴钛类硬质合金

C．通用硬质合金

3．为下列牌号归类：钨钴类硬质合金（　　）、钨钴钛类硬质合金（　　）、通用硬质合金（　　）。

A．YG6X（K15）　B．YT15（P10）　C．YW2（M20）

4．下列硬质合金中为细颗粒的是（　　）。

A．YG6X（K15）　B．YG8C（G15）　C．YW2（M20）　D．YG15（K40）

5．YG8 表示平均含（　　）量为 8%，YT5 表示含（　　）量为 5%。

A．钛　B．钴　C．碳化钨　D．碳化钛

6．现对 45 钢进行精加工，宜选用（　　）硬质合金车刀。

A．YT30（P01）　B．YG8（K30）　C．YT5（P30）　D．YG3X（K01）

三、判断题（正确的在括号内打“√”，错误的在括号内打“×”）

1．硬质合金的热硬性和高速钢相当。（　　）

2．硬质合金虽然硬度很高，而且很脆，但仍可以进行机械加工。 （ ）

3．用硬质合金制作刀具，其热硬性比高速钢刀具好。 （ ）

4．通用硬质合金刀具只能加工耐热钢、高锰钢、不锈钢、高级合金钢等难加工钢材。

（ ）

5．YT14 与 YT5 相比，前者含碳化钛较多，含黏结剂钴较少，硬度和耐磨性较高，强度和韧性较低。 （ ）

四、简答题

1．什么是硬质合金？其性能特点是什么？

2．硬质合金能否制成形状复杂的整体刀具？实际生产中如何应用？

第九章　非金属材料与复合材料简介

第一节　有机高分子材料

一、填空题（将正确答案填写在横线上）

1．机械工业所使用的非金属材料主要包括______和______等。

2．有机高分子材料是以______为主要组分，再添加各种辅助组分而组成。

3．有机高分子材料的力学性能特点有______、______、______。

4．有机高分子材料的物理、化学性能特点包括______、______、______、______和______。

5．塑料是以______为基础，再加入______制成的。按受热后的性能不同，塑料可分为______和______；按使用范围不同，塑料可分为______、______和______。

6．橡胶是以______为基础，加入适量的______制成的。

7．胶黏剂是一种多组分的、具有优良黏合性能的物质。它的组分包括______、______、______、______、______等。

二、判断题（正确的在括号内打“√”，错误的在括号内打“×”）

1．合成树脂是塑料的主要成分，对塑料的性能起着决定性作用。（　　）

2．生胶是未加配合剂的天然橡胶。（　　）

*3．连接金属或非金属材料的物质称为胶黏剂。（　　）

三、简答题

1．工程上常用的有机高分子材料有哪些？

2．简述聚丙烯在工程中的应用。

第二节 陶瓷材料

一、填空题（将正确答案填写在横线上）

1．按原料分类，陶瓷大致可分为__________和__________两大类；按性能和用途分类，陶瓷可分为__________、__________和__________三类。

2．陶瓷是多相材料，其显微组织由______、________和______组成。

二、判断题（正确的在括号内打“√”，错误的在括号内打“×”）

1．绝缘子是由普通陶瓷制成的。（　　）

2．压电陶瓷是由工程陶瓷材料制成的。（　　）

三、简答题

1．陶瓷材料有什么性能特点？

2．简述陶瓷中玻璃相的作用及特性。

第三节 复合材料

一、填空题（将正确答案填写在横线上）

1．复合材料是多相体系，通常分成两个基本组成相，一个相是______相，称为______；另一个相是______相，称为__________。

2．按基体材料的不同，可将复合材料分为________________和________________两类；按增强体材料的不同，可将复合材料分为__________________、__________________和__________________三类。

3．复合材料的密度_____，热膨胀系数_____，比强度_____，比模量_____。

二、判断题（正确的在括号内打“√”，错误的在括号内打“×”）

1．复合材料的性能是所组成材料的性能之和或平均数。（　　）

2．复合材料具有良好的抗疲劳性和断裂安全性。 （ ）

3．玻璃纤维增强塑料是工程中常用的复合材料。 （ ）

三、简答题

1．什么是复合材料？

2．简述碳纤维增强塑料在工程中的应用。